Vises sten boken

Alkemi

STEVEN SKOLA

ISBN: 1540861775
ISBN-13: 9781540861771

ANTECKNINGAR

ENGAGEMANG

Denna skriftliga arbete är tillägnad den moderna generationen av nyfikna sinnen och påverkas av tid hand. Det är en alkemiska tarmkanalen vid det stora arbetet av solen och månen eller separation och tillsammans därav i god proportion som görs i enlighet med naturen.

INNEHÅLL

KVITTENSER

Som den stora och anrika far till lampor har sagt oss i emerald
tabletterna, det har dess födelse i jorden, vinden (vatten) har
gjort det i dess mage, dess styrka det doth förvärva i elden, och
från detta en sak, kommer alla saker av anpassning.

Salt till korset.
S.A.S. 2016.

www.howtomakethephilosophersstone.com

1 INTRODUKTION

I den antika världen av alkemi fanns två sorters människor, de som visste hemligheterna i konsten och de som inte gjorde. Dessa två klasser av personer som beskrivs i Bibeln som de okunniga och kloka och detta var också symboliseras av uppvaknandet av Adam och Eva när de konsumeras den förbjudna frukten av kunskapens träd på gott och ont. Det har skrivits att herdarna tenderar att deras fårhjordar, att de som är förbjudna att ta del av sådan hemlig kunskap för att hålla separation av klasser för om alla vore lika då det skulle finnas inga kungar eller drottningar att härska över underjorden. Genom historien har det förekommit hemliga möten hemliga samhällen präglas av symbolik som finns överallt. En hemlig kopp, en hemlig dryck, dricker bror och var live mottot för de invigda. Jesus vid den sista måltiden, håller upp en trä cup, den heliga Graalen för alla att se men förstås endast av vise. Få utvalda eller de belysta. Den antika vetenskapen omfattas en stor många ämnen såsom medicin, vetenskap, metallurgi, matematik, Astrologi, astronomi och mycket mer. Hermes Trismegistus hette far till vetenskap och krediteras med att vara en nyckelperson i vidareutvecklingen av den Hermetiska konsten. De gamla egyptierna utnyttjas ankh som sin symbol för evigt liv eftersom de trodde att man var avsett att leva för evigt i perfekt hälsa utan sjukdom eller dödsfall. Denna teori präglas av livets träd, som är skriven av i Bibeln. Det finns några som tror den mäktiga Eken kan leva i tusentals år och vidare att eftersom Gud skapade allt lika att växa och föröka sig i som typ, att så det borde också vara med oss och med allt annat inklusive metaller och stenar. Evigt liv präglas av livets träd och symboliseras av en hemlig trädgård heter Eden för de få utvalda som hittade vägen eller var annars initieras, belyst de som vandra på jorden som "Gudar" med tanke på sig att vara mer än bara dödliga helt enkelt eftersom de besitter kunskap som har varit undandragen från andra i tusentals år. Jesus sägs ha varit en snickare,

1

och de flesta alla vet att de arbetar med trä. Han sades också har rest den mark som mirakulöst botade sjuka med en mängd vitaktig färgat pulver. Primitiva alkemiska processen började med en enkel formel av eld och vatten att agera på frågan. Detta sågs också när olika indianstammar byggt kanoter som de skulle välja ett fallna träd och använda eld för att urholka det innan släcka det med vatten. De skulle sedan skrapa ur den förkolnade delen och upprepa detta arbete tills kanoten var formad och redo att använda. De fann att det är mycket lättare att skära av trä med eld än med handverktyg för en gemensam workman och detta är alkemi, gamla formeln av eld och vatten. Dessa är intressanta punkter att tänka som vi utvecklas under hela resten av denna bok.

Steven Skola. 2016.

2 GAMLA LÄKEMEDEL

Livets träd.

Antika alkemister trodde att sjukdomar och sjukdomar i kroppen var bara en bieffekt eller ett symptom av en obalans av individer ph, medan frågor som rör sinnet var associerade med ammoniak i hjärnan eller i blodomloppet. De trodde också på en medicin, en universal medicin som skulle neutralisera syra eller ens ammoniak och föra oss tillbaka till ett alkaliskt ph-balansen så att kroppen kan läka eller reparera sig själv genom att generera nya celler. Denna "medicin" sades orsaka en förstärkning av extremiteterna (ben) och var också sägs vara känd av det faktum att det orsakar växter att blomstra. De trodde att kanske vi aldrig var tänkt att vissna och dö men istället för att fortsätta växa som den mäktiga ek, här i trädgården som byggdes för oss. Under åren har jag hört berättelser om nära döden-upplevelser som inkluderade lysande vita lampor och tales of glory och prakt. Jag har nyheter, när jag var barn av cirka fem eller sex år gammal min mormor tog mig på en roadtrip till Tehachapi eftersom hon ville titta på mark till salu i hopp om att bygga sitt drömhus för hennes pensionering. För att göra en lång historia kort kommer att jag få rätt till peka av ärendet. När hon träffade efter säljpersonalen var jag kvar på lekplatsen som hade en av de höga metall bilderna som är typiska för den tidiga till mellersta nitton seventiesna. En äldre kid knackade mig bort av bilden och jag landade på min rygg i sanden, jag slog på baksidan av mitt huvud på den konkreta sidfoten för en av upprätt stöder. Världen började snurra och sedan allt bleknat till svart. Jag vaknade tre dagar senare på sjukhuset och min mormor satt vid min säng. Hon sa att jag hade fått en hjärnskakning från att slå mitt huvud på betong, men när jag landade på min rygg mitt hjärta hade slutat. Hon berättade att när ambulanspersonalen kom mitt hjärta inte slog, jag hade ingen puls, jag också andades inte. Jag var helt svarar och de informerade henne om att jag var död. Min mormor var hysterisk, de försökte allt de kunde och de lyckats göra några bra som det verkar, eftersom jag vaknar tre dagar senare. Många år gått och jag tänkte tillbaka till den tiden, att komma ihåg vad som hade inträffat. Jag började även att beskriva händelserna till andra när jag hört folk prata om personerna på TV som beskriver livet efter detta eller nära döden-upplevelser och så vidare. Enligt vad jag gick igenom min förståelse är att jag har varit på andra sidan och komma tillbaka. Vad jag såg var ingenting, svärta, tomhet, en total avsaknad av existens. Den tiden är borta, det fanns inget där som förde mig till insikten att om vi ska hitta det eviga livet som lovade oss i Bibeln att det måste komma före döden och efter eftersom döden är inte motsatsen till liv. Allt som vi har i döden, är raka motsatsen till vad vi hade i livet, yin och yang, vit och svart, ljus och mörker. Den eviga sömnen av dödsfall eller gåvan av evigt liv. Alkemisterna hade ett intresse i den mäktiga gyllene ek. För sin styrka, dess livslängd och dess ständiga tillväxt. Den gyllengula Eken, den gyllene soma.

En morgon som jag vaknade och beredd att gå till jobbet, jag märkte något annat på denna dag, mina knän skada och de kändes som ben mot ben. Lederna ville inte fungerar korrekt och jag kunde höra klickande ljud när jag försökte få upp eller ner som också var ganska svårt. Detta hade kommit på snabbt och var oväntat. Jag började oroa sig, skulle jag vara lamslagen? Jag skulle kunna fungera och ta hand om mig själv? Detta föranledde mig att undersöka saken online och det första som jag kom över under en sökning på internet som fångade min uppmärksamhet är att ömmande leder och särskilt knäna är ett tecken på en felaktigt fungerande lever. Jag visste att när jag föddes min kropp skapade vad det behövs, ben, brosk, vitala organ, hjärnan saken, etc. Jag insåg snabbt att när min lever inte fungerar ordentligt, det slutade min kropps förmåga att regenerera och reparera sig själv som naturen hade tänkt. Min forskning visade att levern förment kunde regenerera nya celler för att reparera sig själv i en tre månaders period. Jag lade ner de alkoholhaltiga dryckerna, jag drack isvatten med färsk skivad citron. Jag gick till två olika vitamin butiker för att få kosttillskott samt beställa några online som de inte bära. Jag började med mjölk tistel piller som skulle vara bra för min lever, jag valde också haj brosk piller, fiskoljekapslar och Echinacea örtte. Jag började att rida min cykel igen liksom. Först ett varv runt kvarteret, sedan två, sedan tre... Mina knän mår bra nu. Jag har hört om andra som i stället valde kirurgi som kan lämna ärr vävnad. Jag sätter min tro i Moder natur först och hon svikit inte mig. Sensmoralen i historien är detta, jag hypotes att min kropp är tänkt att läka sig själv! Knä artros var bara en bieffekt av en underliggande fråga! Jag glömde nästan nämna ett av de kosttillskott som jag köpte och det är en av mina största favoriter, korall kalcium som ryktas att syresätta kroppen på toppen av att vara en stor källa till kalcium i min mening. Syre... andedräkten av Gud! När jag anser bibliska konton människor förmodligen leva i tusen år eller mer jag begrundar det faktum att både luften och vattnet måste ha varit så mycket bättre i sin tid. Ingen tusentals bilar fast i rusningstrafik som bränner upp min dyrbara syretillförsel, ingen fluor och födelsekontroll som bokstavligen pumpas till min kranar. Och sedan finns det de bibliska handstilarna som instruerar oss inte att äta syrat bröd, surdeg innebär jäst som är en levande organism som livnär sig på socker att skapa alkohol.   Jag anser att Bibeln har rätt om att inte vilja ha detta i vår kropp. Det säger också att inte äta klyvna hov svin, mikroorganismer?, parasiter?, maskar? Jag skulle också vilja nämna något som jag nyligen upptäckt, både potatis och tomater är medlem av nightshade familjen av växter. Nightshade är giftig. Potatis och tomater emellertid endast mycket milt giftig men på grund av detta många naturliga healers rekommenderar inte för att äta dem, ingen mer pommes med ketchup, potatismos, potatissallad, etc. Jag utvecklade åderbråck tidigt i livet en del av detta jag är vissa beror på som fick en tredje gradens brännskada, men inte allt. Jag har varit en ivrig kaffe dricker för många, många år nu. Jag kan dricka det morgon, middag, kväll eller ens natt. En kanna kaffe är nog för mig vid frukosten. Jag bestämde mig att sluta dricka det men efter sex timmar mitt sinne och kropp sa dude, att helvetet inte! Kändes som om min hjärna hade krympt, tydligen är det nu en svamp för koffein. Efter alla dessa många år av över hänge är det att bevisa en svår vana att bryta. Min forskning visar att blodkärlen inte är motståndskraftiga, jag tror inte att de har någon elasticitet till dem som menar om de sträcks, de inte återvänder tillbaka till sin ursprungliga storlek eller form. Kaffe innehåller koffein som får blodet att pumpa full fart framåt kompis, men vad händer när effekten avtar? Är mina blodkärl kvar lös och sträckt ut?, tror jag. Om denna hypotes är korrekt då skulle det inte negativt påverka mitt hjärt-system? Minst koffein är pumpa min korall kalciumtillskott i hela min kropp. Är att jag är för närvarande singel äter jag mestadels påsens konsumentförpackat fryst grejer. Detta har kommit till min kännedom eftersom jag får lite utväxter på baksidan av mitt huvud. Cancer kommer till sinne och av någon anledning min instinkt säger mig att överväga mikrovågsugn. Nu, låt oss gå tillbaka till gammal medicin. Så alkemister från länge sedan sades har trott på en allmän medicin, en golden elixir, en gyllene soma. Bibliska tree of life kommer till mitt sinne här, där är denna sak?, vad är det här? Låt oss börja med det första ordet i dess beskrivning, träd. Som ett slag i ansiktet kan det vara så enkelt? De forntida vise skrev om deras gyllene gren eller deras gyllene gren, samt en gyllene soma eller en golden elixir. I deras gåtor älskade de att dansa runt och tips på Eken. Ett särskilt i mitt sinne, den gyllengula Eken. Jag öste aska från min spis, (ek aska), marken dem till pulver och bakade dem med en gryta i min ugn. Min avsikt var att rena askan i värme genom att bränna bort eventuella brännbara föroreningar. Jag placerade kylda frågan i min Kaffekanna med några filter staplade upp och bryggt det precis som kaffe. Vattnet som fyllde potten var av en gyllene färg, avdunstat del av det till torrhet och lämnades med ett vitt pulver. Ett alkaliskt salt av kaliumklorid är ett intressant ämne när vi gräva i skrifter som lägger fram i detta avsnitt. Antika alkemister varnade för att alltför mycket (överkonsumtion) av deras hemliga "elixir" skulle brand kroppen och avgassystem anda. Min egen personliga hypotes är att för mycket kalium förmodligen kan orsaka en hjärtattack. Jag märkte att när jag strö askan i min trädgård det verkar vara den bästa växtnäring som jag någonsin har sett, det orsakar vegetationen i min trädgård att blomstra, frodiga och gröna. Jag strö runt trä aska och sedan vänta på Moder natur att få regn. Regnvatten och aska som orsakar mina växter för att blomstra. Två tusen år sedan under det första århundradet Plinius äldre skrev Historia Naturalis vilket jag tror betyder naturhistoria. Två tusen år tar oss tillbaka in i djupet av alkemi. Vad ett bra ställe för att gräva för insikter i den antika vetenskapen! Skrifter är naturligtvis till synes aldrig slutar men gav en pärla. I dessa tider föreslog Pliny att man skulle låta thy härden vara din medicin bröstet. En härd är en öppen spis och vad det innehåller men trä aska? Arkeologer har upptäckt gamla gladiator ben från den romerska eran. Medan du studerar resterna för att avgöra vad kosten kan ha varit, bestämdes det att de drack en läkemedel dryck av aska från fire pit blandas med vatten. Jag tror att detta är också hög i strontium. Rapporter visar att denna dryck hjälpte påskynda återhämtning från sår och deras ben rapporterades också blivit starkare eller tätare än vanliga människor av tiden. Jag minns att Jesus vandrade förmodligen den mark som botade sjuka, han sägs ha varit en snickare och de arbetar med trä. Vissa människor tror att han hade en påse med vitt pulver som han lagt av vatten, (förvandlas vattnet till vin). Jag har hört några yttranden att den heliga Graalen är Jesus cup, och att det förmodligen var gjorda av trä. Jag tror att bilden av den sista måltiden han kan hålla upp sådan en kopp för världen att se. Trä, eld och vatten, en drink, en medicin, alkemi. Kanske en hemlighet avsedd endast för de som har ögon att se? Låt oss ta en titt på vad Moses har att säga, var inte han tänkt ha levt för ca 986 år eller så?

EXODUS 32:20 ENGLISH STANDARD VERSION.

Han tog kalven att de hade gjort och brände den med eld och marken det till pulver och spridda det på vattnet och gjort Israels folk dricker det.

Jag tror att för länge sedan i den glömda eran innan videospel uppfanns, att vissa människor brukade tälja figurer i trä.

Salt av världen?, jorden salt?.

Matthew 5:13King James Version (KJV)

[13] Ni är jordens salt: men om saltet har förlorat sitt intresse, varmed skall det saltas? Det duger för ingenting, utan för att kastas och trampas på av män.

John 4:13-14King James Version (KJV)

[13] Jesus svarade och sade till henne, den som dricker detta vatten skall törsta igen:

[14] Men den som dricker av det vatten som jag skall ge honom skall aldrig någonsin törsta; men vattnet som jag skall ge honom skall i honom en väl vatten växer upp till evigt liv.

Jag skulle vilja nämna nu min åsikt om kunskapens träd på gott och ont. Trädet som Adam och Eva sägs ha ätit av den förbjudna frukten. Förbjudna, förbjudna, förbjudna, olaglig, förföljda, åtalas, utvisas från trädgården barnet, händerna från.

Genesis 2:16-17King James Version (KJV)

16 Och HERREN Gud befallde mannen och sade, av varje träd i trädgården du må fritt äta:

17 Men av trädet med kunskap om gott och ont, du skall inte äta av det: för i dag som du äter därav skall du säkert dö.

Jag kommer att dela min förståelse av denna fråga i enkla ordalag, Cannabis är inte en växt, det är ett träd. Jag har sett träd stor och lång, och med bark på dem. Vilken växt växer arton eller flera fot lång med tjock bark på det? Ett träd. Forskarna nu teoretiserar att cannabis orsakar neurogenes vilket är kroppens förmåga att reparera sin egen skadade hjärnan genom att odla nya celler. Påminner mig om min lever och mina knän som vi täckt tidigare. Konsumtionen av den "förbjudna frukten" verkar stimulera djup och djup eftertanke. Det finns vissa personer där ute som hypotes att detta material kan ha helande egenskaper mot saker som cancer. Det har också ryktats om att detta ämne har förmågan att reparera skador i hjärnan orsakas av överdriven alkoholkonsumtion. Låt oss gå vidare nu, till nästa motiv som jag vill täcka.

Vinäger har genom historien använts som ett läkemedel tonic ofta infunderas med sådana saker som örter, kryddor, eteriska oljor, vitlök, lök, gurkmeja eller en mängd andra saker. Det har använts utvärtes samt invändigt. Jag dricka en liten mängd då utspätt i isvatten, jag använder också ibland lite äppelcidervinäger lokalt på min psoriasis. Ett annat hem avhjälpa som jag har försökt är lite bikarbonat i ett glas vatten. Jag hypotes att det skulle vara alkaliska eller kanske balansera pH-värdet. Jag gissa vidare att det kan neutralisera ammoniak i blodet som naturligtvis är bara mina tankar eller yttrande och utgör inte rådgivning av något slag.

Antika grekiska utövare av medicin såsom Hippokrates (400 f.Kr.) sägs ha blandat äppelcidervinäger med honung som en medikament för en mängd sjukdomar. Vinäger användes också förment runt 218 f.Kr.

falla sönder stora stenblock. En brand byggdes mot de stora stenarna att få dem mycket varmt och sedan vinäger hälldes på orsakar stenblocken till spricka. Vatten och eld, alkemi på jobbet, jag hoppas de bar sina skyddsglasögon. Jag tror att vi har täckt Cleopatra upplösning pärlor i vinäger i avsnittet om alkemiska ädelstenar. Det har förekommit rykten att vinäger kan vara användbar i minskning eller eliminering av mikroorganismer. Under Jesu tid vinäger kallades också vin som kan ses i Bibeln och detta är intressant eftersom det kan hjälpa för att förstå vissa verser från den boken.

Under medeltiden var vinäger infunderas med vitlök och konsumeras som läkemedel dryck att avvärja pesten. I moderna tider kallas detta förment fyra tjuvar vinäger. Vinäger har använts i förflutnan som en antiseptisk att rengöra och desinficera sår. Europeiska alkemister av medeltiden var också kända för att ha använt ättika i sina alkemiska verk om vises sten.

När ett träd växer lösliga transporteras mineraler och näringsämnen upp in i den genom inverkan av vatten där de teoretiskt bli låsta inom trä. Alkemister trodde att dessa byggstenar av naturen kunde vara släppt och separeras genom verkan av eld och vatten. Från svärta kommer vithet, vita duvan.

3 ELDENS HEMLIGHET

Forska i historien av alkemi tenderar en att komma över referenser till en hemliga vatten som ansågs vara nödvändiga för att utföra eller genomföra det stora arbetet av magnum opus. Detta ämne var ryktas innehålla vad alkemisterna kallas hemliga elden. I skrifter av Theophrastus Paracelsus föreslog han att detta vatten såldes av apotekarna av hans tid. John Pontanus skrev att han hade misslyckats mer än två hundra försöken på skapandet av sin sten tills han läste skriftliga alkemiska verk av Artephius som han krediteras för att ge honom en riktig förståelse av ärendet. Så vad är detta till synes svårfångade vatten?

Från Artephius, ARGENT VIVE skrifter.

Alkemister älskade att kommunicera genom symbolik, hemliga koder och anagram såsom argent vive. Helt enkelt arrangera om bokstäverna för att avslöja hemligheten... VINEGARET. Ättika i modern terminologi.

I Nicholas Flamels brev till sin brorson han nämnde sin rådgivning på detta ämne, (vet med vilken agent din "kvicksilver" måste vara berikade med eller blir det som vanligt vatten).

Vit vinäger är mestadels destillerat vatten med en liten mängd ättiksyra. Ättiksyra är "hemliga elden" som finns i vattnet som krävdes för att utföra den alkemiska magnum opusen. I moderna tider kallas helt enkelt metall acetat sökvägen.

Den hemliga nyckeln som låser upp metaller.

4 VISES STEN

Termen vises sten låter för de flesta som om den dragit en hemlighet och mystiska sten, medan ännu andra tror fortfarande att det kanske var även mytiska i naturen. Vi skall börja detta avsnitt med en belysning av vad som var "stenen". Alchemy är en studie och eller replikering av naturen. Metoden enkel och antika av eld och vatten agera vid fråga. Alkemister visste tre grundläggande områden av arbete, växt, djur och mineral rikena. Läkemedel för däggdjur sägs hittas i de första två rikena medan tinkturer för mineraler såsom metaller och ädelstenar ansågs hittas i den senare. Arbetsmetoden i mineral kungariket har kallats i moderna tider metall acetat sökvägen. Metalliska malmer fungerades på av de forntida vise med vinäger att producera giftiga metall acetater som var bearbetas vidare till vad kallades hypotetiskt filosof 's stenar. Eftersom det finns mer än en metallisk malm som skulle vara förenligt med metall acetat sökvägen, fanns det flera filosofer sten. Det fanns så många olika stenar som finns på dessa kompatibla malmer. Varje "sten" hade sin egen färgspektrumet enligt mineral innehållet i malmen. Vissa malmer kan vara svårare att bryta ner så de kunde ha varit mer kompatibel med torr väg, som började med rostning. Jag anser att det är viktigt att notera här även om det här avsnittet handlar inte om tekniker eller metoder men rostning malmer produceras vad kallades den giftiga andedräkten av draken som dräper eller dödar allt i sin väg. Försök inte någon av dessa saker hemma, andas inte in eventuella ångor, inte konsumera några ämnen. Denna bok är skriven historiska enbart informationssyfte och är inte avsedda att utgöra råd av något slag. Så teoretiskt sett det kan vara så många olika filosofer stenar som det finns metalliska malmer kompatibel med metall acetat sökvägen. Alkemister uppfann färgämnen för många saker såsom glas, tyger, rätter, tallrikar, muggar, pokaler, gobelänger, och enligt legenden metaller samt ädelstenar. Varje sten hade sin egen färgspektrum som vi nämnt tidigare.

Ett exempel på detta skulle vara röd för järn (Mars) medan järn och svavel (stryker pyrit) är associerade med färgen på guld. Enligt alkemiska tro alkemisten assisterad natur i skapandet av sina stenar, material bearbetas valdes av färgspektrat enligt avsikten av varje individuell konstnär. (Vad de avsåg att använda sin sten för). Och grundtanken var att dessa föreskrivs färg alkemiska ädelstenar samt transmutation (sammanläggning) av metaller. Det finns några som tror att när naturen skapar ädelstenar i jordskorpan som färgen kommer från uppdelade eller nedbrutet metalliska malmer. Detta är intressant eftersom många hårdrock guld gruvarbetare tror att guld finns ofta i limonit vener vari stryker pyrit kristaller har förmultnat. Så då kanske ska utövare av den antika vetenskapen följa arbetet i naturen i att skapa och eller färg metaller och ädelstenar. En annan övertygelse var att alla saker ner eller utvecklas mot guld över tiden och detta är intressant när jag tittar på pyritized fossil. Pyrit Solar, (alkemiska solen låter bekant här) pyrit sniglar, pyrit ägg, etc. nedbrutet pyrit kristaller i limonit ådror, guld.

Vissa personer gillar att tänka på stenen som en salt kristall och jämföra arbetet till grundläggande kristall växer.

Detta förefaller att förenkla frågan.

5 GUALDUS VÅT VÄG

Trituration - att mala till ett fint pulver, lika bra som målarna slipa färgerna. Kredit - Theophrastus Paracelsus.

Förseglade mikrokosmos av alkemisten. Detta kan kallas ett ekosystem i modern terminologi. Ärendet var marken till pulver och placeras i retorten (en del). Vinäger har lagts till (två delar). Alkemister velat börjar det stora arbetet under våren och framsteg genom sommarmånaderna i enlighet med naturen så att ingen extern värme behövdes. Rumstemperatur eller solljus för en solar destillation. Som Flamel sade, värmen i en kläckning kyckling. Under vintermånaderna vissa alkemister begravd sina fartyg under deras hus i smutsen när du använder metoden ett fartyg används andra fräsch häst dynga, varm aska, även lut för att hålla glaset varm eller nära kroppstemperatur. Arbetet fortsatte långsamt och naturligt, upplösning, extrahera, subliming, cirkulerande, upphöja, destillering. Agenten och patienten, flyktiga och fast.

Som vinäger upplöst materia i retorten började det att släppa den naturligt förekommande svavelsyra i järn pyrit. Detta klar vätska kallades blod av det gröna Lejonet (järnsulfid) och destillerades försiktigt över rodret med vit vinäger av naturen hand, alkemister varnade att utövaren sätter endast korrekt villkoren, naturen gör arbete, utan den handpåläggning. I retorten inträffade färgen ändras allteftersom arbetet fortskred. Svart, vit, gul, påfåglar svans och röd.

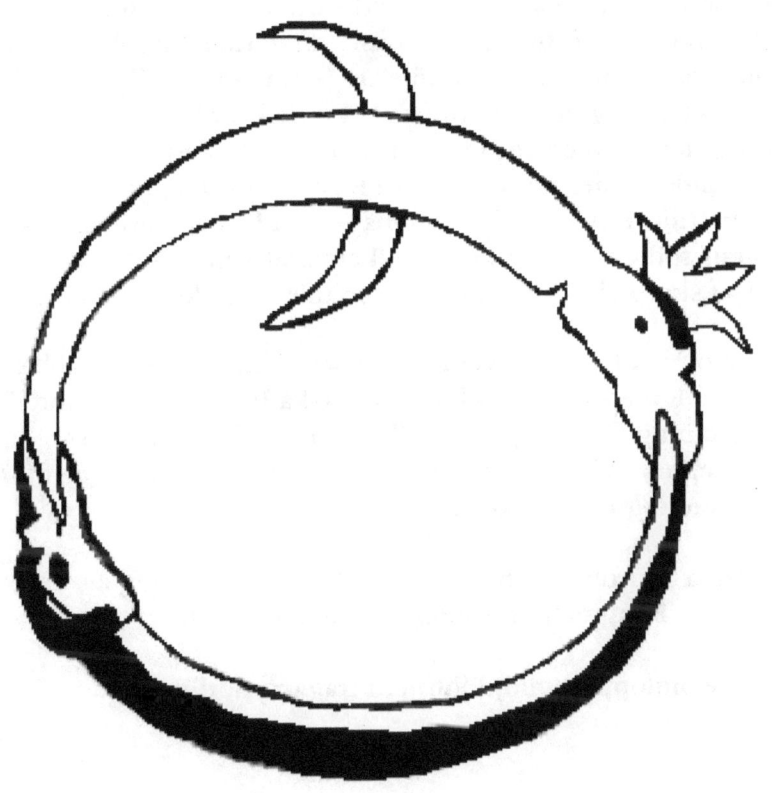

Vad Ourobos innebär, fast järn Pyrit i fartyget nedan är flyktiga vinäger lämnar ärendet och kommer över rodret i retorten, det i en cirkel eftersom det kommer att återvända om och om igen. När torra land visas (Pyrit är torr) vinäger i kärlet utgjuts tillbaka över järn pyrit. Varje gång detta hände avslutade en sväng av alkemiska hjulet. Med varje repetition fortsattes ättika tar mer sulfuric syra från materien upplöses, denna multiplikation eller upphöjelse (cirkulation) tills alla "guld" (svavelsyra) gick över rodret. "kvicksilver" av sju örnar sades att gunga månen (producera den vita stenen), "kvicksilver" av tio eagles sades ha makten att kalcinera solen, (avsluta upphöja pyrit till vises sten). När vinäger hade övertagit den sulfuric syran rodret i kärlet antika alkemister sedan kallade det "våra mest skarp vinäger", eller "väl manövrerad kvicksilver".

Manövrerad = aktiverat. Vätskan blev starkare eller mer kraftfull med varje vänd av alkemiska hjulet. "Brännande" eller "calcining" i frågan av "vatten" eld inte. Därav bränna begreppet alkemister med vatten inte brand. En filosofisk kalcinering i den "våt väg".

Denna Ourobos representerar det stora arbetet av solen och månen, kung och drottning, flyktiga och fast.

Varje omlopp upphöjd förment frågan ytterligare.

6 METODEN SENDIVOGIUS

Ett fartyg. Våt väg.

Ärendet var marken till pulver och placeras i fartyget. Vinäger har lagts och toppen täckt med ett ventilerande dammskydd låta avdunstning förekomma samtidigt hålla insekter eller damm ut. vinäger upplöser, extrakt och sublimes ärendet. I denna typ av alkemiska sublimering löst ärendet stiger i vätskan och följer sidorna av glas i den övre delen medan orenheter faller till botten av burken. Vid torrhet var järn pyrit fuktade igen med färska vinäger och denna process upprepas elva gånger. Det första ärendet av metaller (Flamels mercurial sublimera eller den vita stenen) fast hypotetiskt att glaset först, i de sistnämnda imbibitions fast salt (alkemiska utsäde av guld) släpptes slutligen från uppdelade malmen. Två blandades i vattnet under de slutliga imbibitions som lämnar den vises "sten" fastnat på de övre delarna av burken där det kunde skrapas bort efter tillåts torka. Det sades vara ytterligare ett steg efter den mercurial sublimera eller "oskulder mjölk" samlades och det kallades inceration som var att "fixa" frågan och göra det smältbara som vax så att det skulle motstå elden, och detta skedde i värme. Nu låt oss förstå detta i Sendivogius ord från den nya kemiska ljuset.

Det första ärendet av metaller är tvåfaldigt, och ena utan det andra kan inte skapa en metall. Den första och främsta substansen är fukten i luften blandades med värme. Detta ämne vise har kallat kvicksilver och i filosofiskt havet det styrs av strålar solen och månen. Det andra ämnet är torra värmen i jorden, som kallas svavel.

Dess utseende är det av Oljehaltigt vatten följa alla rena och orena saker; men på vissa ställen finns det mer rikligt än i andra eftersom jorden är mer öppen och porösa i en ställe än i en annan, och har en större magnetisk kraft. När det blir uppenbart, det är klädd i en viss dräkt, särskilt på platser där det har ingenting att klamra sig fast. Det är känt av det faktum att det består av tre principer; men, som en metallisk substans är det endast en utan några synliga tecken på samband, utom det som kan kallas dess dräkt eller skugga, svaveldioxid.

Metallerna tillverkas på detta sätt: efter de fyra elementen har projekterat sin makt och dygder till mitten av jorden, de är i händerna på archeus (vatten) i naturen sedan destilleras och sublimerat av värmen i evighetsmaskin mot ytan av jorden. För jorden är porös, och luften genom destillation genom porerna i jorden är löst i en vatten ur vilken allt genereras. (archeus är vinäger).

Konstnären avskiljer endast vad är subtil från dess grosser element och placerar det i korrekt fartyget. Naturen gör resten. Ur en uppstår två, och av två uppstår en.

INCERATION.

"Oskulder mjölken" som uttrycks från större delen av stenen är sedan omsorgsfullt bevarats i en oval formade destillering fartyget av glas och ändras dag underbart allt högre brasan.

Credit, Michael Sendivogius.

Detta avslutar Sendivogius våta vägen.

7 FLAMEL TORR VÄG

I våta vägen för alkemi som vi redan har granskat alchemist's första kokta deras "eld" i deras "vatten" och sedan rostad senare ärendet som kallades inceration. Torr väg alkemi är densamma men stegen helt enkelt var omvända och det sades också att vara mycket snabbare. Den torra vägen ansågs vara farligare eftersom alchemist's stekheta deras malmer, medan längre våta metoden förment produceras en bättre slutprodukt. Under rostning av malm färgen ändras inträffade visar alla färger av de påfåglar svans inklusive vad kallades badade i lila härlighet och elden fortsattes tills den slutliga fasta röda "svavel obrännbara" uppnåddes. Branden bröt ner ärendet och brände bort brännbara föroreningar. Detta resulterade i den röda lionen som bearbetades sedan ytterligare genom att placera det i retorten precis som metoden Gualdus och sedan vidare till imbibitions med vinäger. Antika alkemisten är fortsatte sedan med uppförökningar eller cirkulationer tills upphöjelsen av saken var klar. Theophrastus Paracelsus föredrog alembic för alkemiska magnum opus (våta eller torra metoder). Så för att förenkla detta, torr sökvägen var samma som den våta vägen utom frågan var grundligt rostade först. Under cirkulationerna sågs färgen ändras igen. Flamel skrev om dagen han slutligen uppnådde behärskning, var det känt av en viss lukt som fyllde hela hemmet som var liknande till det av Kaprifol på våren.   **"Gå med röd gubbe, att vita frun".**

Nicholas Flamel trodde att ha upptäckt hemligheter av alkemi efter en livstid av flitiga studier, det har också sagts att även med den hemliga kunskapen han förblev en ödmjuk bok säljare och var känd för att donera stora summor till välgörenhetsorganisationer inklusive kyrkor, sjukhus och bostäder för hemlösa. Hans grav var ryktas har hittats   tomma.

8 METALLISKA TRANSMUTATION

Metalliska transmutation av metaller har utformats av forskare i århundraden. Några har begrundat kärnfusion medan andra har funderat på att kall fusion. Forskare har hypotesen att Elementärt svavel är kärnan i guld Atomen, vissa har uttryckt sin åsikt att när metaller produceras naturligt i aktiva lava flyter åtta gånger mer guld kan produceras om svavel i ekvationen. De antika alchemists experimenterade med tanken på att bryta ner metallerna att extrahera deras salt och svavel principer genom att använda filosofiska "kvicksilver" (vinäger). En teori är att kanske dessa salt och svavel principer skulle vara domänanslutna eller smält samman för att skapa en sten. Jag tror att transmutation är gamla terminologi och att vi i denna moderna era kan förenkla saken genom att kalla det sammanslagning. I primitiva metallurgi användes kaliumklorid som fluxing medel för att rena metaller samt när det gäller sammanslagningen. Vedaska var bränd och mals till pulver. Detta material var blandat med metalliska malmer i deglar och smält innan de hälls i formar och får svalna. Den resulterande metallbiten slogs sedan loss från formen och den slagg som tärt. Denna process trodde att rengöra metallen genom att separera föroreningar i den kaliumklorid som stelnat på toppen. Detta verkar vara den grund som leder till uppfinningen av stål (en upphöjd form av järn). När metallen var rengjord av dess föroreningar var redo för sammanslagning under vilken mer av ljusflödet kunde läggas. Min uppfattning är att metallen skulle har sedan varit smält igen i degel med flussmedel agent över en vedeld, då den smälta massan rörs om med ett järnspett samtidigt släppa "stenen" i mixen. Omrörningen fortsatte tills önskad effekt uppnås och sedan hälls i formar och får svalna vanligtvis i form av barer. Små indrag var repig i marken att tjäna som provisoriska formar och den resulterande amalgamen kallades finger barer. Dessa var metallstänger små som ett finger och därav namnet.

Athanor var ugnen av alkemister. Även askan var användbara för olika ändamål som vi har sett i denna bok.

9 ALKEMISKA ÄDELSTENAR

I min alkemiska verk eller studier började jag experimentera i på kalcinering av ek. Jag har en trä brinnande eld plats där jag försöker använda bara trä så att min aska är fria från föroreningar. Den senaste branden hade varit länge borta och jag öste ut några av förkolnade ek askan. Jag placerade detta material i mason burkar med lock att hålla det rent för mina studier. Jag köpte en ny gryta med lock för cirka femton dollar på min lokala butik och sedan jag marken några av askan till ett fint pulver i en av mina glas murbruk och mortlar. Jag placerade detta material i skålen och bakas det i min ugn i ett par timmar på omkring 300 eller fler grader. Jag avstängd ugnen och gick till sängs. Ett par dagar senare jag bakade det för ytterligare ett par timmar, jag upprepade proceduren ett par gånger och ökade värmen varje gång tills jag bakning på den högsta temperaturen som min naturgas brinnande ugn skulle göra. Ett par timmar här, ett par timmar där, öka värmen. En dag väntade jag bort kyls locket för att se vad jag hade, jag mig att se ljus grå väl kalcinerad aska... Men när jag samlat först min aska som några av dem var svarta bitar av förkolnat trä, som jag hade marken till ett fint pulver, nu återigen hade jag några bitar av svart material ser ut som det hade återvänt till det skick som den hade varit i innan det var marken till pulver... intressant. Skillnaden var emellertid, dessa bitar var formad som kvadrater och rektanglar och påminde mig om stora skära ädelstenar på grund av storlekar och former men de såg ut som förkolnas svart klumpar. Jag bestämde jag skulle slipa dessa igen i min mortel och stöt, de var mycket, och jag menar mycket, svårt att bryta. Jag fruktade att min mortel och stöt skulle bryta första men jag äntligen lyckats knäcka en av de bitar som var mycket hårdare än trä. Jag började att begrunda, trä, aska, förkolnade, kol, kol, värme... och då det gick upp på mig. Antika alkemister ansågs ha förmåga att skapa stora ädelstenar av utsökta skönhet. Och sedan i samma stund det var mycket meningsfullt hur de hade gjort det discovery,

25

så enkelt, av en slump verkligen. I denna studie naturens verkar hemligheter bara falla in i besittningen av flitiga förföljaren. Sådan enkel upptäckt. Skrifter av Theophrastus Paracelsus erbjuder en inblick samt i färgen av alkemiska stenarna. Metalliska bhasmas, extrakt från metalliska malmer, ja filosofer stenarna från grottorna av metaller och upphöjd av händerna på männen. Genomsyrar med färg, brand vackra nyanser av blått, grönt, azul, likt guld förmedlas till en tydlig sten som påminner mig om topaz, briljans av diamanten, den vackra röda av den ruby färgat av järn (Flamels krigsguden) och emerald ren elegans. Antiken ansågs också ha förmågan att lösa pärlor med avsikt att använda den resulterande tinktur skapa större eller mer värdefulla pärlor. Här är lite av goody som jag hittade i min forskning som passar fint här. Drottningen av Egypten Cleopatra sades ha upplösts pärlor i ättika innan du dricker en del av den resulterande tinktur som hon tros ha medicinska egenskaper eller någon typ av hälsa gynnar. Detta ger en god portion här hur antiken kanske har påbörjat ett arbete med att skapa alkemiska pärlor.

10 TEORIN OM TIDSRESOR

Tiden mäts som jorden roterar kring sin axel. Ett varv motsvarar i princip 24 timmar eller en dag. Som detta inträffar att jorden också roterar runt solen som är centrum för vårt universum counter medurs. På detta sätt går tid framåt. I ett år kan ljus resa ungefär 6 biljoner miles, vilket motsvarar ett ljus år. Jorden och ljus år mäts på olika sätt och så att resa i rymden är att resa i tiden. Eftersom jorden roterar counter medurs, om ett hantverk eller "object" kretsar runt jorden i samma riktning när du reser på ljushastigheten skulle det teoretiskt att resa in i framtiden. Om farkosten var att vända riktning skulle detta betraktas reser tillbaka till förflutnan. En annan intressant aspekt att beakta är att ibland flygplan flyga från en tidszon till en annan, Tänk lämnar ikväll och nu anländer igår morse, multiplicera det med hundra miljoner gånger över genom att öka hastigheten.

Steven and Belle.

MATHEW 5:13

[13] Ni är jordens salt: men om saltet har förlorat sitt intresse, varmed skall det saltas? Det duger för ingenting, utan för att kastas och trampas av män.

[14] Ni är världens ljus. En stad som ligger på en kulle kan inte döljas.

[15] Varken gör män Tänd ett ljus och sätter det under skäppan, utan på en ljusstake; och det ger ljus åt alla som är i huset.

Graven av Nicholas Flamel markerades med konstiga alkemiska symbolerna som människor inte kunde förstå, och dessa inkluderade en sol, ovan en nyckel, ovanför en bok. Solen representerar solens alkemiska, en pyrit sol, stryker pyrit kristaller. Nyckel representerar vit vinäger, och boken, är boken om Abraham Eleazer.

OM FÖRFATTAREN

Några har frågat ifrågasätta, om du upptäckt kunskapen om alkemi varför vill du dela det med världen och inte bara hålla det för dig själv?

Ordspråksboken 3:16
Välsignad är den som finner Visheten;
För hon är mer dyrbar än pärlor;
Och inget som du önskar kan jämföras med henne;
Längden på dagar är i hennes högra hand;
Och i sin vänstra hand är rikedom och ära;
Alla hennes sätt är trevliga;
Och alla hennes stigar är frid;
Se, Dianna avtäcka.

S.A.S. 2016.

www.howtomakethephilosophersstone.com

www.ingramcontent.com/pod-product-compliance
Lightning Source LLC
Chambersburg PA
CBHW021448170526
45164CB00001B/436